# 要不要辞职 要不要忍忍

金建佑 著

江苏凤凰科学技术出版社

图书在版编目（CIP）数据

要不要辞职　要不要忍忍 / 金建佑著 . -- 南京：江苏凤凰科学技术出版社，2018.6

ISBN 978-7-5537-8980-4

Ⅰ . ①要… Ⅱ . ①金… Ⅲ . ①成功心理 – 通俗读物 Ⅳ . ① B848.4-49

中国版本图书馆 CIP 数据核字 (2018) 第 015341 号

**要不要辞职　要不要忍忍**

| | |
|---|---|
| 著　　者 | 金建佑 |
| 责任编辑 | 祝　萍 |
| 责任监制 | 曹叶平　方　晨 |
| 出版发行 | 江苏凤凰科学技术出版社 |
| 出版社地址 | 南京市湖南路1号A楼，邮编：210009 |
| 出版社网址 | http://www.pspress.cn |
| 印　　刷 | 小森印刷（北京）有限公司 |
| 开　　本 | 880 mm × 1230 mm　1/32 |
| 印　　张 | 7 |
| 字　　数 | 100 000 |
| 版　　次 | 2018年6月第1版 |
| 印　　次 | 2018年6月第1次印刷 |
| 标准书号 | ISBN 978-7-5537-8980-4 |
| 定　　价 | 39.80元 |

# 序　言

## 我生活中常见的风景

| | | |
|---|---|---|
| 风景1 | 职场 | 不知不觉已工作6年了，每天都在重复着同样的事情。 |
| 风景2 | 同事 | 一群和我一起慢慢变老的人，几十年如一日的生活。 |
| 风景3 | 开间 | 空间狭小也就罢了，更要命的是冬冷夏热。 |
| 风景4 | 咖啡店 | 随处可见，上家刚倒闭，这家又开张，然后又倒闭。 |
| 风景5 | 朋友 | 幸好还有几个常联系的朋友，数来数去也就那么几个。 |

我的生活就是这样毫无悬念、一成不变，以后似乎也不会变，
就像钢筋混凝土建成的大楼一般坚不可摧。
时间越久，心中的那股冲动越强烈……
真想一走了之，随便去哪儿。
我想要逃离这一切。有什么不可以的呢?
没错！逃离吧，去哪儿都行！

再见了，再见吧，
这令人生厌的生活。

## 我生活中常见的乐趣

| | | |
|---|---|---|
| 乐趣1 | 职场 | 忙得不可开交，还一面偷窥上司的脸色一面偷懒。 |
| 乐趣2 | 同事 | 比朋友还亲近，如家人般情深。 |
| 乐趣3 | 开间 | 符合我的个性，最适合安静地作画和阅读。 |
| 乐趣4 | 咖啡店 | 闲暇时，坐在附近的咖啡店里消磨时光。 |
| 乐趣5 | 朋友 | 和深知我心的一帮家伙们共度周末。 |

一想到真要离开这一切，眼前不禁浮现出这些不愿错过的小乐趣。
读书、作画、观察人群、与人闲聊，这就是我的生活。
一直觉得这样的生活既无趣又寻常，
不过换个角度来看，我的生活其实也很不错。
所以，我才有勇气把这些琐事记录下来。

在这里，我将为您讲述全世界独一无二的故事。
我那既寻常又不寻常的生活点滴。

6年经验老职员　金建祐

# 目　录

## 8~18点
## 成功变身，工作模式

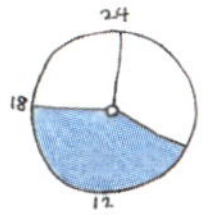

## 18~24点
## 解除武装，充电模式

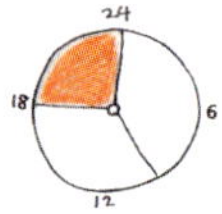

## 0~8点
## 做梦，休眠模式

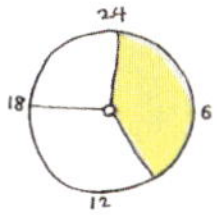

8～18点

成功变身，工作模式

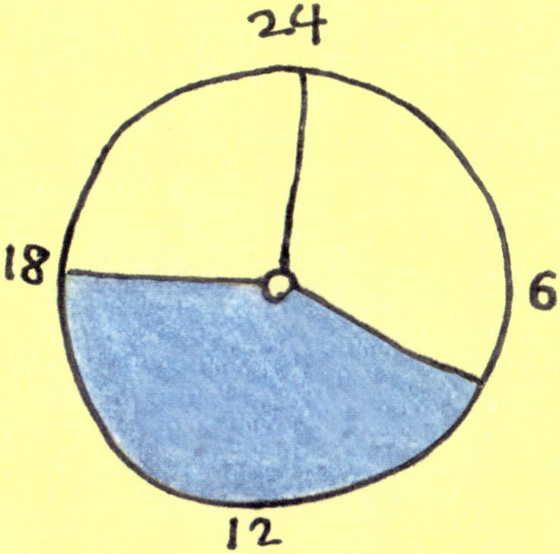

# 我人生中最大的谎言

我勤奋、诚实，做事积极主动。
有强烈的责任感，并且具有良好的职业素养。
另外，在部门聚餐等场合中，
我一贯是活跃气氛的达人。

人们都说21世纪
是充满竞争的时代，是充满危机的时代。
我不喜欢安于现状，不会只满足于做好分内的工作，
而是能积极主动地思考公司最需要什么，并提出解决方案，
如果贵公司正需要这种具有领导力的人才，

请您给我一个机会，
我将还您一个惊喜。

——摘选自我的简历

# 在简历里他们是……

# 回忆第一天上班

好不容易熬过了令人紧张到窒息的面试，
艰难地获得了人生的第一份工作。
紧接着迎来了上班的第一天。

正当我在完全陌生的办公室里不知所措时，
公司的同事热情地围住了我。

“很高兴见到你。你叫……”
“啊，您好！我是新来的职员金建祐！”
“哦对，健祐，听说你最近喜得千金？”
“……”
“看着很年轻啊，你结婚早吧？”
“啊……什么？”

真奇怪。全公司的人都觉得我已经是一家之主了。

那天晚上，
在迎新聚会上和同事们聊了许久之后，
我总算弄明白了。

原来我并不是最终入选人！！

事情是这样的，
原先的入选人（他才是那个已婚男）不知因为什么原因，
在上班前一周突然放弃入职了，
这样一来，原本是候补1号的我就自然而然地入选了。
同事们都以为新来的职员是那个已婚男，
不幸的是他们并不知道
后来真正入职的人是我。

完全不会喝酒的我，
那天竟然来者不拒，喝得酩酊大醉，
两颊绯红、踉踉跄跄地走在回家的路上，
一滴泪悄悄划过了脸庞。

这既是喜悦之泪，

因为在如今就业难的环境下，

我找到了工作；

也是伤感之泪，

因为同事们期待的新人不是我。

原来
你是
替补啊，
恭喜啦。
啊？
原来你
不是
那个人！

## 准时下班，理想与现实的差距

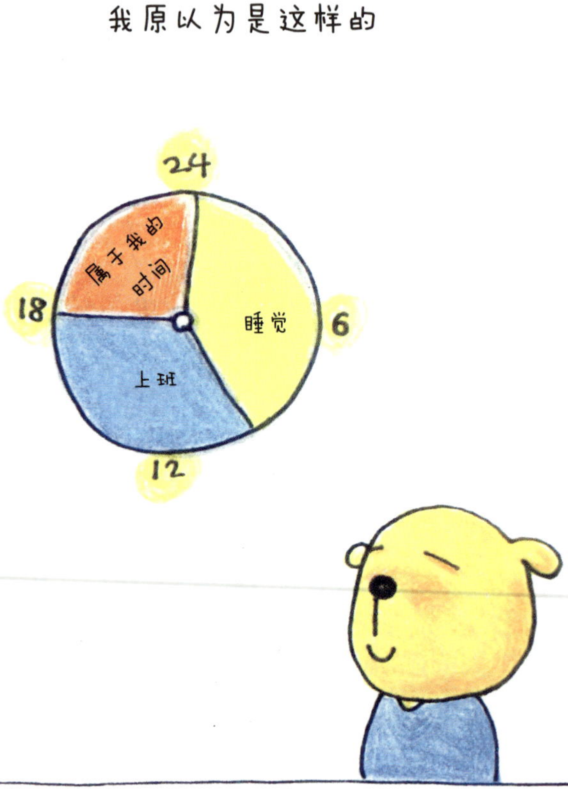

现实却是……

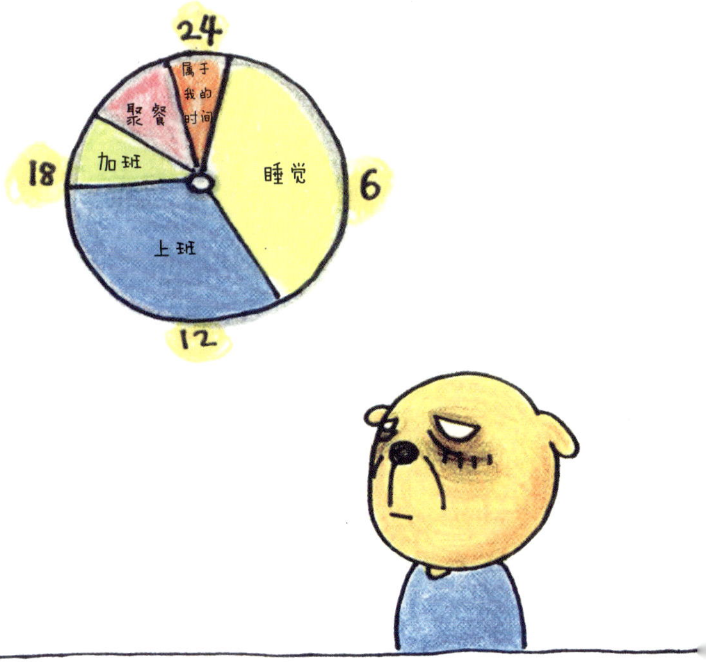

# 多男部门的氛围

一片沉寂（只要是有电视的地方，所有人的视线都集中在电视上）。

为了打破这尴尬的沉寂，有人抛出了一个话题

（关于体育的话题再适合不过了）。

三言两语后，再次陷入死一般的沉寂

（所有人的视线再次集中到电视上）。

## 电梯里

一片沉寂（所有人的视线都集中在显示楼层的电子屏上）。

有人讲了个无聊的笑话（却没有得到任何回应）。

直到下电梯为止，一直保持死一般的沉寂

（所有人的眼睛都牢牢地盯着电子屏）。

# 好部门、坏部门

“对我而言坏部门就是……”

“对我而言好部门就是……”

# 要不要换乘 1

公交车和公司的共同点是什么？
那就是不能随心所欲。
既然上了公司这趟公交车，
就得严格按照公司的规章行事。
需要加班的时候就得一起加班，
公司气氛紧张的时候就得谨言慎行。

每当感到烦闷或晕车时，
总想换乘另一辆。

但其实所有的公交车
都大同小异。

努力让自己适应环境
才是王道吧？

急刹车前好歹提醒一下嘛！！

# 办公室穿越

看了《星际穿越》后，
发现重力越大时，时间越慢。
这就是著名的相对论。

这世上究竟有没有
能够测量重力的机器呢？
如果有的话，
我真想测一测我们办公室的重力，
一定无比强大。

我们一定会下班的！最终总会熬到的……

# 办公室穿越

# 喂！到底想怎样?

刚进公司的那段日子，每天都浑浑噩噩的。
第一次向科长汇报工作时，
为了写好报告，我尽了最大的努力，做足了准备。
心里还有些许期待，或许会得到科长的表扬。

看完报告后，科长说道：
“回去重新整理一下，要写得有点可读性。”

实在不明白科长到底想让我改成什么样，于是去向同事请教。
“你只要不断地改，改到科长说OK就行了。”

当时的我并不知道，
让科长说“OK”是件多么困难的事。

科长大人，我可不会读心术啊。
您一开始就直接告诉我具体该怎么做，不是对你我都有好处吗?

1. 时间安排是……
2. 目的是……
3. 预期效果是……
····
啊哈……好的
到底想怎样?
要再简洁一些，
不要冗长拖沓，
内容要正面积极

## 上班就是这种滋味

有人曾经说过，

即便心里默念一万次“不想上班”，

也还是不得不去。

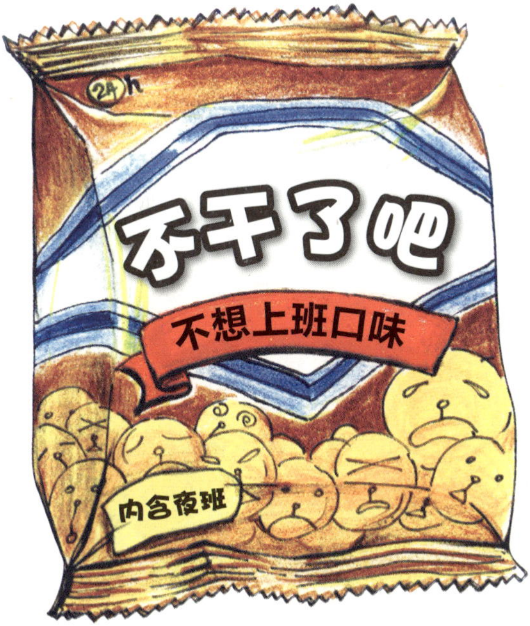


在各地上班族中
销量第一

## 我为什么成了咖啡小兵？

都是爱喝咖啡惹的祸。
我发现同事们都喜欢喝咖啡，
于是向领导提议：
“不如用部门经费买些速溶咖啡吧？”

自那之后，人送外号“咖啡小兵”。

每当速溶咖啡喝完时，
谁都不会主动去买，而是指使咖啡小兵。

“喂，咖啡小兵，你难道没发现咖啡已经喝完了吗？”
“哎呀，你没买黑咖啡？我不是告诉过你，我只喝黑咖啡吗？”
“小金，纸杯放在哪儿了？”

这可真是……
早知道就不多嘴了。

# 宣传员

“不干了，不干了！”
“喂，你们都听好了，我今年肯定辞职！！”
“行啦，没必要这么认真，反正明年还得接着干这活儿。”

有个科长总把辞职挂在嘴边，都说了不下百遍了。
人送外号“辞职宣传员”。
对于成天嚷着要辞职的科长来说，这个外号实至名归。

然而所有人都心知肚明，科长根本不会辞职。
买房的贷款还没还完，怎么可能轻易辞职呢?
不过是因为工作辛苦，发发牢骚而已。

我来给大家翻译一下科长的话吧。

我想准时下班。
我要准时下班。
我说了我要准时下班！

## 辞职才是唯一的活路

看来如果想让科长从“辞职宣传员”一职上退下来，

起码得保障他准时下班。

呃……他大概永远也退隐不了了。

# 说点趣事来听听

“小金，要不要一起去喝杯咖啡？”

“好啊。”

“……”

“……”

“这咖啡真好喝啊。”

“确实。”

“……”

“……”

“有什么有意思的事吗？说来听听。”

“……”

“……”

“我怎么可能知道呢？
昨晚我们不是还一起加班到很晚嘛。
我所知道的一切，科长您全都知道的呀。”

我在心里嘀咕了一番之后，我们又陷入了沉默。

哪怕是为了让大家在休息时间有话题可聊，
也请务必保障我们准时下班吧！

# 特殊技能

工作以后我掌握了一种特殊技能。

那就是“随便靠个地方就能睡着”。

无论是在摇晃的地铁上，还是在喧嚣的咖啡店里，甚至是在厕所里。

厕所的恶臭、嘈杂的声响，抑或是不太舒服的睡姿，

对我而言，全都不是问题。

一天，我在公司厕所里听见打呼噜的声音。
我感到非常不安，于是四下看了看，却发现大家竟然毫不在意。
看着大家一脸无所谓的表情，我才明白，
原来不是只有我一个人有这种特殊技能。
一大早出门上班，还要加班，甚至还得应付聚餐，
想要在这种疲于奔命的职场中生存下去，
每个人都不得不掌握这种特殊技能。

# 冬眠

深夜0点40分。

从早上离开家门到现在回来已经整整过了18个小时。

简单地洗了个澡后，便瘫倒在床上。

啊，浑身快散架了一般。

昨天、今天，接连加了两天班。

看样子明天也别想准时下班。

真希望一觉醒来已经是很久以后了；

真希望一觉醒来，那些令我焦头烂额的工作已经全部搞定了；

真希望我能像熊一样冬眠，以忘却饥寒交迫的严冬。

# 讨厌也是一种情

我和一位同事的工作作风完全不同，
由此对他产生了种种不满，
便向同时入职的朋友抱怨，
朋友听罢便开始不停地数落那位同事。
为了让我舒心，朋友甚至说了不少过分的话。

但真是奇怪，
我原以为听了朋友的贬损，会觉得很痛快，
却不知为何，我居然替同事感到委屈。
其实他也没那么坏……他人还是挺不错的。

“哎呀，是你误会他了。”
“你这么说也太牵强了。”

不知不觉间，我竟然开始替同事说话了。
我不是很讨厌他的嘛……

原来讨厌也是一种情啊！

## 领导的指示

“小金，从今天起你负责采购业务吧。”

“好的，我知道了。”

“嗯，辛苦你了。”

“那个……可是我该做些什么呢？”

“那当然是你这个负责人看着办啦，你问我，我问谁？”

“……”

# 活跃气氛的高手

有的上司为人刻板、寡言少语，
却要求下属活泼开朗；
相反，有的上司话多又爱热闹，
却希望下属老成持重。

真不明白为什么他们觉得这样的要求是合理的，
明明自己就是我们的行动指南。

坐而言，不如起而行。
以身作则才是最好的指示！！

# 答案是明摆着的

“小金，你过来一下。”

“好的。”

“今天部门聚餐的地点定在哪里了？”

“我还在打听，征求了一下大家的意见，普遍赞成去烤肉店或者酒吧。”

“别总是去那些老地方，今天换个新鲜地方吧。”

“啊……您有没有想去的地方？”

“听说前不久附近开了家挺不错的鳐鱼店，不如去那儿吧？”

“啊，去那里啊？我记得有些人好像不吃鳐鱼……”

“偶尔吃一次也没什么吧，你说呢？”

“呃……那我去问问大家的意见。”

“不喜欢吃鳐鱼的人可以点别的嘛。”

“嗯，那应该没什么问题了。”

“你还是去问问吧，看看有没有人不同意。”

“……好的。”

我居然忘了，

其实答案是明摆着的，我只需要说出来就行了。

我的意见
经理的意见
要命中哦

# 准时下班

上班必须准时，

但准时下班可就难了。

尤其是遇上一个满面愁云的经理，那就更难了。

如果执意准时下班，

那就只能硬着头皮去争取了！

不如我们来模拟一下吧？

：我先下班了。

：嗯，交代给你的事都办完了吗？

：是的！（这时一定要回答得很有底气，这样领导才不会多问。）

经理会怎么回答呢？

（成功时）：好，辛苦了。下班吧。

（失败时）：那你解决一下这件事吧！

答案非此即彼。

是啊，去争取吧！

顺利过关也好，

引火烧身也罢，

只有争取了才会知道结果。

难道你还期待经理先开口让大家下班吗？

别做白日梦了。

这是绝对不可能的。

# 没有胜利的接力赛

假如你听到了一些令你不快的言语，
然后又告诉了其他人，
那么你永远都无法
从这场愤怒接力赛中解脱出来。

所以扔掉你手中的接力棒，直接弃权吧。

废纸篓

# 谁在我的存折上插了吸管？

我的工资去哪儿了？
今天明明是发薪日啊，
可是存折上却写满了支出项。

我的存折就像破了的水缸一样
不停地往外漏。

招财的金蟾啊，
我不指望能买得起新房子，
只求能堵住漏洞。

信用
银行
卡账

# 营养品

想解决问题，就要找准原因。
经过一番苦思冥想，
我终于找到自己最近无精打采的原因了。
公司期望的结果和我个人能力之间的差距，
让我的生理和心理备受煎熬。

吼吼，终于找到原因了。
那好！现在来解决问题吧！！

说易行难，还是吃点营养品吧。
上班族的必备良品——营养品，
如果没有它，我可就支撑不下去了。

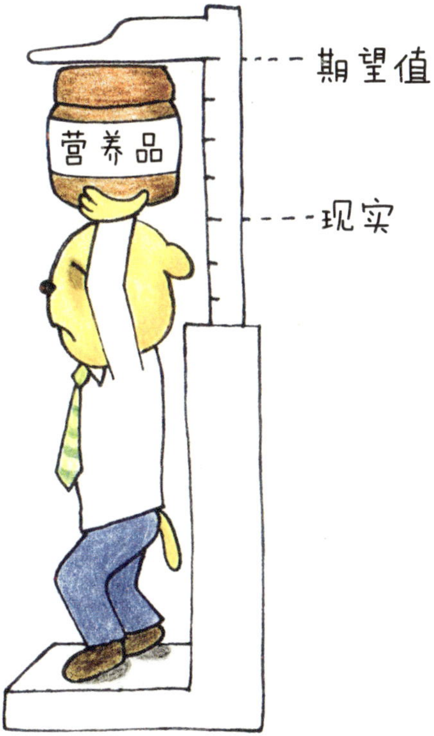
期望值
营养品
现实

# 防御

忙里偷闲，和同事们一起喝杯咖啡醒醒脑。
大家在狭小的茶水间泡完咖啡后，
全都涌到了休息室。
每个人都在絮絮叨叨地讲述自己有多累、工作量有多大，
完全没心思听别人说话。

因为大家都深有体会，
如果此时不明确表示出自己有多忙，
万一部门有了新的工作任务，
那么这活儿便会落到自己头上。

所以必须先下手为强，做好防御。

我才是最忙的。

经理大人，我已经有活儿干了……

# 因为没有记下来

最近公司主打产品的不合格率很高，公司高层头疼不已。
为了降低不合格率，公司悬赏巨额奖金征集解决方案。

上班的路上，
突然灵光一现。

“对啊，就是这样。
如果把这些总结出来并付诸实践，一定能大幅降低不合格率！”

于是心情愉悦地来到办公室。
可一落座就开始忙着回复邮件、开会，紧接着又……

早上的灵感渐渐变得模糊，
最后彻底消失了。

于是在我的人生中，
今天不过是
一个虽然忘记了创意，但心情不错的寻常日子。

趁
还
没
忘
赶
紧
记
下
来

# 鸡的悲剧

鸡原本是一种飞禽，
可如今无论它如何扑棱，也只能跑跳几下而已。

曾经听人说过，
在很久很久以前鸡也是会飞的。
后来被人类捕捉饲养后，品种不断改良，
鸡居然忘记了飞翔的本领，
最后沦为人类的常见食物。

无论做什么，都不能忘了自己的本分。
鸟类就该扑扇着翅膀翱翔于天空。
上班族就该……

在鸡类里，
我是跑得最
快的！！

好，那只
肯定很有
嚼劲。

妈妈！
就买那只做
炸鸡！

# 罪人

担心被上司发现，
于是缩着脖子、拱着肩膀，
双眼死死地盯着显示器。
远处有任何动静，都会立刻竖起耳朵仔细听，
直到确定与自己无关，
才能松一口气。
在这期间，双手还不停地敲打着键盘。

明明是在上网聊天，
却表现得像是在工作。

闲暇时上班族的表现嘛，
就像罪人一样。
可是怎么可能每天都忙得不可开交呢，肯定也有闲暇的时候。
难道不是吗？

我并没有做错什么。挺起胸膛！

715995
TALK

# 名片

经理的名片簿里塞满了

各种四四方方、质地光滑的纸片。

每当经理看着这些名片时，总是一副心满意足的神情。

那神情似乎是在证明

人脉才是人生最大的财富。

不久前，一个高中同学打来电话。
其实我和他并不熟络，顶多算是点头之交。
想起来了，上次同学聚会时我们互换了名片。

哇，多久没联系了，真是开心啊。
我嘛，过得还不错。当然，当然，嗯，有女朋友了。
嗯？有什么能效劳的？
保险？啊……我倒是已经买了一份了。
嗯，好的，哪天有空一起吃个午饭吧。

是太忙了吗？
约好了一起吃午饭的，
居然再也没联系。
等到下次需要利用人脉关系时，
他就会再次翻开名片簿吧。
而在那之前，对他来说，
我不过是
静静地躺在名片簿里的
一张纸片而已。

我不愿只是一张名片。

## 递交报告之后1

尽最大努力写好了报告。
昨天是科长，今天是经理，
把它改得面目全非。
这份报告再也不属于我了，
它已不在我的控制范围之内。

看来我写报告的水平实在不怎么样。
究竟要到什么时候，
我写的报告才会真正属于我自己呢？

## 递交报告之后 2

这次我下了一番苦功。

这份报告绝对堪称完美!

这些错觉很快就破灭了。

和往常一样，经理的提问就像尖锐的长矛一般，

将报告刺得千疮百孔。

我的报告再次变得支离破碎。

# 电热毯

阴冷的天气，无聊的下午。
我坐在办公室里
出神地望着窗外淅沥的阴雨，
蓦地想起早晨出门时忘了关电热毯。
没有后悔，反而从刚才开始很庆幸。
回家后就可以立刻钻进被窝。

# 模仿

上班时学科长穿着又大又肥的棉布裤子，
开会时模仿经理生硬的语气，
吃着相同的工作餐，一起挺着圆鼓鼓的大肚腩。
任何人看见，都觉得我们很像。
而真正需要相像的应该是卓越的工作能力，
说到这个……

没错！我还要像他们一样在工作上表现出色。
只要样样都跟着学，总有一天会和他们一样出色。

问题是
下了班之后，
我还深陷在这场模仿秀中无法自拔。

莫非我就这样成了不折不扣的大叔？
现在还不行。
下班后还得保持警惕。

难道不想结婚了？

职员
科长
经理

一家人？

# 逃犯

晚上9点。

科长悄悄地开始整理手头的工作，

然后神不知鬼不觉地消失了。

完全没发出任何脚步声，

好像自己犯了多大罪似的。

犯罪现场 禁止出入
逃离时间是？
从咖啡的温度来看，大约是晚上9点。

## 弹性工作制

振奋人心的消息，
我们公司终于实行弹性工作制啦！
上班时间不受限，一天只要干满8小时就可以下班。

我小金，典型的夜猫子，早上超爱睡懒觉。
实行弹性工作制的第二天，我10点才去上班。
实在是太幸福了。我就知道这一天迟早会来临。

公司万岁！

几天后，
我们部门又添加了新的例行会议。

开会时间是每天早上9点。
全部门必须参会。

直说让我们早点儿来上班嘛。
再也不能悠然地来上班了。

上有政策，下有对策。
这回我改成早上6点上班了。
至少可以早点儿下班。

不知不觉已经下午3点了，可以下班了。
可这会儿大家都忙着呢，还挺难开口说我要下班了。
正当我时不时地偷瞄经理时，

“小金，你来一下！”
“好的，经理。”

还是经理善解人意啊！

接了个烫手的山芋回来，而且任务紧急，今天必须完成。

我实在不好意思告诉经理，我今天本该下午3点下班。

结果，那天我是最后一个下班的。
要是早上9点才来上班的话，就不至于这么委屈了。

实行弹性工作制一周后，
自由了没几天的上班时间又恢复原状了。

我居然还一度对此有所期待，真是愚蠢至极。

真搞不懂当初为何要实行弹性工作制，
反正无论如何，上下班的时间早已固定不变。

## 有人盯着我呢

公司里那些身处“高位”的人，

看似过得随心所欲，

但他们却坦言连给下属忠告都得三思而行。

每天被那么多人盯着，总觉得后脑勺火辣辣的；

稍有差池就会被指指点点，过得提心吊胆。

令所有人艳羡不已的那个位置，

也许也是最辛苦的位置。

# 明知做错了

“小金，这份报告，我实在看不懂。
还应该增加一部分内容吧？这样前后才通顺嘛。”
“经理，我觉得现在这个已经很好了。”
“喂，趁我还没发火，赶紧重新修改了再拿来。”
“……知道了。”

老实说，
经理刚一开口，我就已经知道是自己做错了，
但仍然装傻充愣地反抗了一下。
你问我为什么？不然就得加班了呗。

……什么时候才能开窍？

经理室
工作
经理室
工
作

## 最近怎么样?

在走廊上一个笑脸迎面而来。
正是我之前所在部门的副经理。

“小金，最近怎么样？一切顺利吧？”
“嗯，托您的福，我挺好的。哈哈。”
“那就好，我真替你高兴。”

“最近怎么样”这个问题，其实是有标准答案的。
除了“过得很好”之外，还能说什么呢？

我过得不好。
昨晚和女朋友吵架了，到现在都联系不上她。
花了一半积蓄买的基金一直暴跌。
刚接手的工作又非常棘手。
不如一起吃个午饭吧，我跟您倒倒苦水。

如果我这么回答，
估计以后再也不敢和我聊天了。
说不定还会认为我不正常。

在公司里，
我会一直好好的。

# 活在明天的男人

在上班的路上思考上班后该做哪些工作，
上班后开始苦恼午饭该吃什么，
吃午饭时又担心下午开会会谈些什么，
真到了开会的时候又开始琢磨下班后该干些什么。
下班回到家后开了一罐冰镇啤酒，打开电视看棒球节目，
却又开始担心明天该怎样向领导汇报业务，不由得长吁短叹。

今天为明天而活，明天为后天而活。
然而不管怎样，该来的总会到来，
我却因为担心未来而虚度了光阴。
这下可好，今天中午吃了什么、哪支棒球队赢了，
居然一点儿也想不起来了。

随便弄弄，赶紧回家看棒球才是正事!
明天汇报业务能顺利通过吗？是不是准备得太不充分了……
本垒打!!

# 上班族联赛

棒球，

不过就是投球和击球，多么单调无趣！

然而它却能产生数不尽的记录。

仅击球手，就有击球率、出垒率、安打率、本垒打数、四球上垒率……

简单的一个击球竟能产生这么多记录。

刚出现棒球这种运动时，肯定没有这些记录。

这都是那些喜爱棒球的人慢慢创造的。

结合各种记录来看棒球比赛，会更加有趣。

其实，职场生活和棒球比赛也有相似之处。

工作后你会创造出一个又一个属于自己的记录。

都有哪些呢？

迟到率、积攒的退休金、平均下班时间、牢骚累积率等。

留存这些记录，会让职场生活更加有趣。

要不要来一场你自己的联赛？

8号击球手：小金

迟到率：0.05%

准时下班率：0.08%

报告平均修改次数：3

# 十年后我的模样

脖子酸痛，于是摇晃着脑袋四下张望，
瞥见眼窝深陷的科长正在毫无生气地修改报告。

科长教训我的场景和科长被上司教训的场景
简直如出一辙。

10年后的我会是这般模样吗？

这还是在我非常勤恳卖力，及时得到提拔的前提下。

危险
晋升科长
之路
穷途末路

# 唯命是从

某公司有职员叫金小心，
极其惧怕承担责任，
一旦遇上需要做决断的事情，总是按上司的指示办事，
像他这样的普通上班族，在我们身边随处可见。

突然有一天，
小金接到了
业内翘楚苹果电子公司的电话。

“您好，我是金小心。”
“您好，金小心先生。我是苹果电子公司的人事部长。”
“哦？有什么事吗？”
“金小心先生，我们知道您现在的公司处境艰难。我们诚邀您来我们公司工作，我们会为您提供更好的待遇。”
“啊……什么？哦……”
“期待您的答复。”

接完电话后虽然心情激动，但又不由得有些担忧。

到底是留下来好呢？还是换个环境好呢？

完全不知道哪个才是最佳选择。

对啊，就像平常一样去听听经理的意见吧。

和以往一样，唯上司之命是从即可！

于是，金小心去向他无比崇敬的经理询问意见。
起初经理有些惊讶，
然后立刻说服小金选择留下来。
小金当然是唯命是从了。

一周后，经理辞职了。
跳槽去了苹果电子公司。

# 工作良药

与恋人分手后，想起她胸口隐隐刺痛时。
购买的股票毫不留情地跌到谷底时。
出门后完全想不起有没有关煤气和电视、有没有锁好门窗时。

生活中总会遇到许许多多令我们头疼不已的烦心事。
每当这时，平时极度厌恶的工作就成了一副“良药”。
强迫自己专心工作，其他思绪就会被抛诸脑后，
认真工作一段时间后，
你就会发现之前那些看似很严重的苦恼，
现在看来根本不值一提。

这种疗法是不是可以称为“以毒攻毒”？

最近股价下跌，
所以来买点药。
给你。
加班

# 跟不上节奏

经理在聚餐时比笑星还滑稽搞笑，
工作时却比任何人都谨慎细致，而且出了名的爱教训下属。

我在聚餐时总想着工作时被经理教训的情景，一直忙着察言观色；
工作时又想起聚餐时经理的滑稽举动，因汇报笑出声又被经理训斥。

一直以来，我在经理眼中就是个既不会玩又不努力工作的人。
这又能怪谁呢？只能怪自己没有眼力见儿，总是分不清场合。

职场生活和棒球的第二个相似之处，在于把握时机。
挥棒的技术再好，如果找不准击球的最佳时机，
也只能出局。

以为是直线球，急忙挥棒，
结果从远处缓缓而来的却是变线球。
以为是变线球，略作等待，
结果一眨眼的工夫，球与你擦身而过。
今天又被三振出局的选手小金只得怅然退场了。

# 当初真该好好学英语

每次接待外国客户，我都会变成害羞的少年。
任何一个小失误都会让我像多米诺骨牌一样一直错下去，
只有找海归同事来救场才能勉强圆场。

坐在回家的车上，
心情低落，放上一首流行歌曲。

当初真该好好学英语。

# 变慢的手机

打开手机上下载的导航，

嗯？怎么手机画面一直不变呢？

过了好一会儿程序才开始运行。

以前只要一按图标就立刻运行，现在为什么变得这么慢？

听说下载的应用程序过多，手机就会变慢。看来是真的。

最近确实下载了不少应用程序，有游戏的，有购物的。

我也像这手机一样。

实习时工作量不大，很快就能做完。

成为正式职员后，不知为何要做的事情变得特别多。

想要在规定时间内完成实在是太难了。

你也因为自己承担太多，认为理所应当可以慢一些？

## 孤岛

坐在我右边的同事被调去别的部门了。
我的座位在最左边的角落里。
右边位置一空，我便可独自占用这块宽敞的区域。
真不错，无论做什么都不用看别人的脸色了，我自由啦！

然而几天后，我开始感到有些空虚，甚至感觉被孤立了。
不知为何我竟开始怀念同事那毫无笑点的笑话，
每到吃饭时间总是担心大家会忘记叫我。

不过我发现还有一个人也和我一样独自一个人坐。
那就是经理。

我比较随意，所以偶尔同事会来和我聊几句，
可是有谁会主动去找经理聊天说笑呢？
至少我尽量不出现在经理周围。
万一不慎被经理发现，给我安排点活儿干，岂不是自讨苦吃。

经理一定也时常感到无聊和孤独吧！

# 在公司食堂

与级别差距较大的同事同桌吃饭绝不是件轻松自在的事。
因为很难找到一个大家共同关注的话题。
气氛真的十分尴尬啊！

有一天，其他同事开会开到很晚，
于是我和同时入职的朋友先去吃午饭了。
正当我们二人一边吃饭一边天南地北地闲谈时，
正好与站在远处寻找座位的经理目光交汇。

于是我们便和经理共进午餐了。

“小金，今天回家后是不是会写日记啊？”
“您这话的意思是……”
“我是说你会不会在日记上写今天居然和糟老头一起吃饭，真是倒霉到家了。”
“哈哈哈，怎么会。”

为了掩饰尴尬，只得不自然地笑了起来。

最终我还是把这件事写在这里了，

所以不管怎样，还真是应了经理的话。

# 寻找科长

科长和我之间，整天除了工作没有任何交流。
可不知为何一到下班时间，我就对他如此牵肠挂肚。

不在座位上啊，出去抽烟了吗？还是去厕所了？
可我刚去过厕所，里面没人啊。
要不直接下班吧？
不行，如果就这样走了，科长打电话来找我麻烦怎么办？

于是我只得四处打探科长的行踪。

科长，我想你。
我可以下班了吗？

# “欲拒还迎的真谛”

# 假如我是面试官

如今求职者的简历着实令人钦佩。
不仅学分和托业成绩俱佳，而且还会说一口地道流利的英语，
甚至拥有各种资格证、实习经历、参赛获奖经历、做义工的经历。
岂止是简历好，他们还能说会道，外貌端正。
另外，从他们的自我介绍来看，
每个人都是公司不可或缺的重要人才。
然而空缺的职位只有一个。

看来做面试官也不是个轻松的活儿啊。
假如我是面试官，
在这种无论选谁都可以的情况下，
我究竟会选择谁呢？

嗯，我突然想到我们部门也是时候赢一场足球赛了。

人事部5:0营业部
面试室
会踢球吗?

# 有种抗体叫经验

无论是谁，只要是上过班的人，
总有些事是他们这辈子都不愿再经历的。
因为第一次的经历实在是太痛苦了。

然而，无论什么事第一次总是最难的，第二次就轻松多了。
因为“经验”这种精神抗体在保护我们。
再也不是当初毫无抵抗力的状态了。

所以，我们不必辗转反侧担忧明天。
抗体已然存在于我们体内了。
下次我们会做得更好。

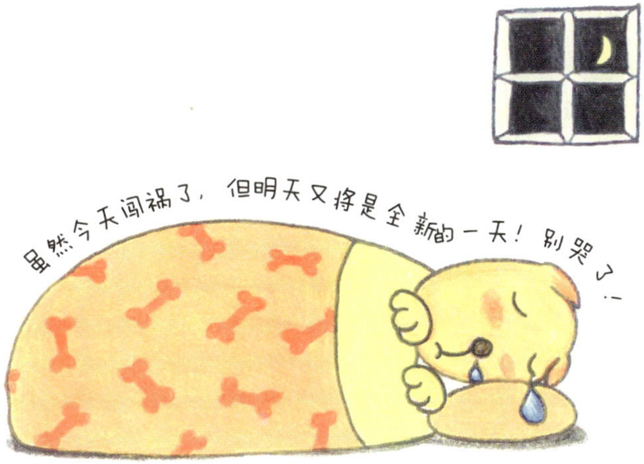
虽然今天闯祸了，但明天又将是全新的一天！别哭了！

# 就像电影音乐

恐怖电影中出现可怕的场景之前，
一定会先出现一段音乐将恐怖气氛推至高潮。
只听音乐就能猜到将出现什么场景。

工作后发现，
很多时候我们会因为不太愉快的事情和别人打交道。
比如，别人指挥我们干活儿时、汇报工作时、
和其他部门或其他公司谈判时，等等。

即使不是愉快的事情，
如果在和对方见面时，
就像在愉快场景出现前播放的电影音乐一样，
我们先以一种愉悦的心情赴约，
那也会使对方感到心情愉快吧。

查理·卓别林曾经说过：
“我不过是改变一下走路的姿势，
就能令观众捧腹不已。”

## 为了自己工作

假如想克服害羞，
就要创造机会在众人面前发言；

假如想写好文章，
就要经常写企划案；

假如想改变消极的性格，
就要主动和其他部门的人交流。

这些探索性尝试只能在公司进行，
也正因为是在公司，所以才会被原谅。

因为公司是能使我变得更加强壮的
绝佳运动场。

18~24点

解除武装，充电模式

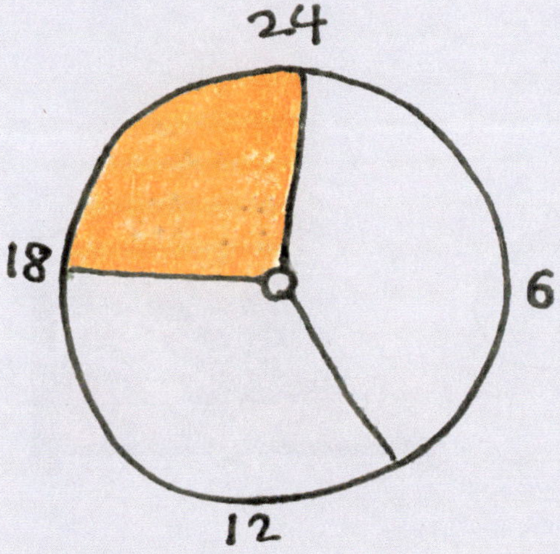

# 那晚早睡的原因

今天难得准时下班！

虽然疲倦，但回家时的心情却无比舒畅。

经理突然打电话来了。

“是，经理！”

“小金，你写的那个企划书，我不太看得懂。”

“啊……是吗？”

“明天早上到我办公室来说明一下。”

“好的，知道了。”

“嘟……嘟……嘟。”

“……”

居然说看不明白，他是什么意思呢？
真的看不明白吗？还是不满意报告书的内容？
到底是什么问题呢？早知道就不那么写了。
应该写得更简明易懂些。
难道是因为我比经理早下班才惹来这场麻烦？
实在想不通，到底问题出在哪里！

心里忐忑不安，便开始胡思乱想。
下班时的舒畅心情早已无影无踪，
脑子里想的全是明天将要发生的事。

心情糟糕透顶，什么也做不了了。
今天还是早点睡觉吧。

还没来吗？
我没胃口，
先睡了~

# 小奢侈

有时觉得下班后追剧简直是种奢侈，

因为明知第二天起床时会有多艰难。

却又觉得就这样睡觉的话多少有些不甘心，

于是放弃睡眠时间通宵追剧。

其后果就是——

## 让假期过得充实的方法

“小金，你下周休假是吧？怎么样，定好去哪里玩了吗？”

我请了一个星期的年休假。盼星星盼月亮，眼看就要到了。
其实这次休假我根本没打算去哪里。
对我来说，订旅馆、确定行程这些事既繁琐又累人。

这次休假我就待在家里！
关掉手机睡到自然醒，
晚上吃些夜宵来解馋，
读书、看电影，
放松心情，尽情运动……
这主意太棒了！想想都觉得激动。

“啊，我就打算待在家里了。”
“哎呀，这哪算休假啊，你该早点计划的，嫌麻烦是吧。”

“虽然有些迟了，

但我确实应该找个值得去的地方玩一趟。”

居然说要“出去玩一趟”，

真是心口不一。

休假期间不计划出游的人，

不知为何总会被视作既懒惰又无趣的人，

因为担心别人也会这样看待我，竟然信口胡诌了起来。

管不了那么多了。

不管别人怎么想，反正这次休假我就要待在家里。

# 旅行的目的

为了给自己充充电，我踏上了旅程。

开车
前往有名的美食店吃饭，
开车
前往有名的景点游览，
开车
前往有名的民宿过夜，
开车
回家。

明天就要上班了，
我却比休假前更疲惫了。

开始充电

充电完毕

# 喜欢喝咖啡的原因

如果咖啡缺少了苦涩，
我想我便不会喝咖啡了。
就像如果书中的主人公没有任何苦难、永远幸福，
我便不会买这本书来看了。

如果一整天都过得无比快乐，
入睡前心中便会莫名地不安，大概就是这个原因吧。

没错！！
就是这个味道！

# 置办家业

为了给爱犬换个新窝，网购时偶然看到这样一句话：

为心爱的狗狗置办新家活动！

我买了一个看上去既宽敞又雅致的狗窝，
突然间竟开始有点羡慕这家伙了。
小小年纪，还是单身，居然已经有两套房了。
可对于我来说，拥有一套属于自己的房子简直是遥不可及。

不过收到松软、整洁的狗窝后，
我心情舒畅了许多。

每当不想上班时，
只要一想到是在给狗狗挣狗粮费、零食费，
顿时就有了力量，
难道只有我是这样的吗？

SHOP

## 镜中的我

有一天我无意中瞥了一眼镜子，竟被吓了一大跳。
如枯枝般粗糙的皮肤，
黯淡无光、深陷的双眼，
又粗又长、冒出鼻孔的鼻毛。

这位大叔你是谁啊？
我想象中的自己可不是这副尊容啊。

一转眼已经工作5年了。
在年龄和外貌上我俨然是不折不扣的大叔。

WHO ARE YOU
I AM YOU

# 每天都制订计划的男人

《12月31日的日记》
新年开始，坚持每天锻炼1小时！
我要脱胎换骨。

《1月1日的日记》
今天是休息日，明天开始锻炼。
我要重新出发。

《1月2日的日记》
今天制订的计划才是真正的计划。
从星期一开始锻炼。
好期待明天的到来啊。我要比昨天更出色。

我怎么就没明白呢。
在我制订这些所谓的计划时，
其他男人正挥汗如雨地举着哑铃呢。

## 裸照

没错，我决定了！

从现在起再也不光说不练了！

于是斗志昂扬地办了一张包年健身卡，

并小心翼翼地将卡放进钱包，然后心满意足地回家了。

接着脱光衣服拍了张照片，

为从即日起将改变的身形留个纪念。

以后每个月都要拍一张照片，以此见证我身体的变化。

这肯定会很有意思。

光阴似箭，岁月如梭，不知不觉过了6个月。

依稀记得刚办卡的第一个月里一周去健身2次。

自那以后就再也没……

那时的我并不知道，

那张照片既是我的第一张裸照，也是最后一张。

## 记忆的碎片

我认为照片是一种非常奇妙的东西。
因为随着时间的流逝，它会进行自我修饰和包装。

拍照时的情景明明很寻常，
可许久之后，再次翻看照片时，
便会不由自主地感慨
“那个时候真开心呀……”

# 清零

如果我们的心里都有一块黑板该多好，

这样无论何种感情，

最后都能轻轻拭去……

# 伪装

“我是不是胖了很多？最近都快愁死了。”

“喂，胖了怎么也不见你有小肚腩啊？

再说了，你现在这样正好！别担心了。”

“啊……真的吗？”

“脱发脱得厉害，我都快要疯了。”

“真的假的？我怎么一点儿也没看出来啊？

再说了，就凭你这长相，额头变宽点儿又怎样？

我觉得那样还有点儿像裘德·洛呢！”

“真的？要真是那样就太好了。”

见到朋友们有如此反应，心中稍稍宽慰了一些。

伪装成功！

去见朋友
的路上

# 秘密

我有许多绝不能告诉任何人的秘密。
其实无须我刻意强调，
也许根本就没有人想知道。

其实我也希望当别人问起时，
无论他问的是什么，我都能坦率地回答。

然而，
如果我不把自己隐藏起来，
如果我不把自己伪装起来，
到那时也许我身边
连一个愿意倾听我心声的人都没有了。

为了留在某人身边，
今天我还得伪装。

# 橡皮擦

当我犯错时，
当我想要找回记忆时，
当我遇上伤心的事情时，
能使我重新振作的
总是身边最亲近的人。

可是如果身边最亲近的人，
像越擦越小的橡皮擦一样越变越少该怎么办？

# 担心不会让烦恼消失

女友因为工作忙碌而忽略了我，
我便开始担心她是否已不再爱我；
女友闲暇时约我出去玩，
我又会开始担心该玩些什么，我的工作又该怎么办。
总之是这也担心，那也担心，
没有什么值得担心的事情时，
恐怕我又会担心为什么没得担心了吧。

在喜马拉雅山地区，流传着这样一句谚语：

“如果担心能让烦恼消失，那就不存在烦恼了。”

我着实赞同这句话。
就凭这句话，我真想去那个地方看看。
可是那里的居住条件不会很差吧？
如果吃不惯当地的饮食怎么办？
听说那里属于高原地区，如果产生高原反应怎么办？
听说产生高原反应后会非常难受。

又开始杞人忧天了！

# 胡言乱语的原因

或许是兴之所至，或许是迫于压力，我们有时会口不择言。
别说自我克制了，有时就连自己说过些什么都想不起来。
一番夸夸其谈之后，常常追悔不已。
可就是控制不住自己。
仿佛有人将我选择言语的权利悄悄藏了起来。

这全都要怪“你那双注视着我的眼睛”。
你的眼神中充满了厌倦，我要将它彻底粉碎！
我想让你听得津津有味！
我想说些对你有益的话！
我要达到你对我的期望。不，是要超越！

胡言乱语、颠三倒四，不断地说错话，
到底该怎么收场？
此时，嘴巴已经不是我的了，而变成了我的敌人。
请你理解，我已然无能为力了。

我们那个时候，不对不对，
我说到哪里了。
那什么，你吃过饭了吗？
哦，对了，我有话想对你说的，是什么来着？
话说回来今天真冷，是吧？
明明是大夏天，我究竟在说些什么呀？
呵呵，
你喜欢什么音乐？
哈哈哈！

我喜欢你。

其实我真正想说的只有这句。

## 属于我的图案

我记得毛姆在《人生的枷锁》中说过：

人生像是在编织一条地毯，
生活中经历的每一种情感，
都会变成一道道花纹织进地毯里，
最后编织出一条图案极具个性的地毯。

恋爱中经历的万般情感，
究竟会编织出一条何种图案的地毯呢？

# 止疼药

一旦爱上一个人，就会出现类似染上酒瘾、烟瘾后的症状。
一日不见如隔三秋，终日心神不宁。
翘首以待周末的到来，热情高涨地筹备约会。
一旦联系不上就会忐忑不安，惶惶不可终日。
她是不是厌烦我了？这些胡思乱想不断啃噬我的内心。

如何才能缓解这严重的中毒症状呢？
一番思索后发现，其实除了相互信任之外，别无他法。
虽然这并不能根治中毒症状，
但至少是一味能够减轻痛苦的止疼药。

可能会有点儿疼哦

# 结婚的理由

年过三十，身边越来越多的人问我何时结婚。
为什么年龄大了就该结婚呢？
理由很多，但恐怕最重要的一条是
因为“寂寞”吧。
可是至今为止，我并未感到寂寞啊。

如果肚子不饿，却硬要吃饭，只会变胖；
如果毫无睡意，却硬要闭上眼睛休息，第二天只会更加疲劳；
如果并不着急，却硬要使劲儿，只会容易得痔疮。

如果并不寂寞，却硬要结婚，
反而只会令对方感到寂寞。

我希望有一天当别人问我为何决定结婚时，
我的回答是：
“我遇到了命中注定的人。除了她，我谁也不想娶。”

# 严禁期待

永远不要期待
你为对方付出的真心和情感
会得到相应的回报。
爱情原本就是一种一厢情愿的情感。

如果坚持要得到回应，
还不如干脆去附近的山顶上大声地呼喊，
因为至少你的呼喊会变成回声反射回来。

呀吼
呀吼
呀吼
嘎嘎
我爱你
…

# 对不起

"迟到了10分钟，真是对不起。"
"来这儿挺远的吧？对不起，我不该选这么远的地方见面。"
"不好吃吗？对不起，我不该提议来这里吃饭的。"

一生之中，道歉最多的时候，
就是我们坠入爱河的时候。

别让我被道歉撑坏了肚子。

# 悲伤的爱情故事

有些事如果你不说，对方就永远无法知道。

沟通，确实至关重要。

我其实是只
……土狗
原来你不是
贵族犬啊？！

# 离别的预感

为了健康着想，
如今酒喝得少了，烟也戒了。
可是原来即便如此，身体也不见得会变健康。
现在可戒的就只剩下咖啡了吧？

戒了咖啡，身体就会健康了吗？

再见了……

咖啡

# 决心

“本周中奖号码是……
2号，13号，17号，40号，44号，45号！
特别号码是20号。恭喜中奖者！”
“各位观众，我们下周六再见！”

从开始到现在总共有5分钟吗？
这么快就结束了。

我可是整整等了一个星期啊。

星期六晚上10点，
一周中最想好好工作的时刻。

唉……

又没中啊？

0~8点

做梦，休眠模式

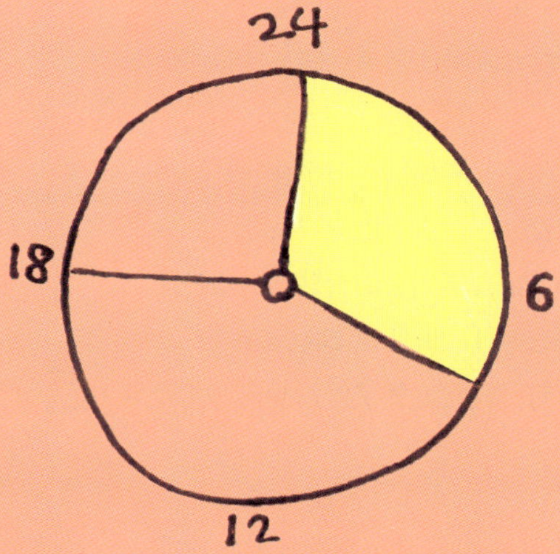

# 梦想

在别人眼里，我不过是个平凡的上班族，
年过三十，
却仍像个前途未卜、彷徨无措的青少年。
下班后我经常幻想从事其他职业。
在床上翻来覆去，尽情畅想。
因为至少在脑海里，我可以随心所欲。

既然喜欢读书，不如试试当个作家吧？
非常喜欢看电影，当个电影导演也不错嘛。
台球打得不错，不如去做台球运动员吧？
没错，我觉得自己做什么都能成功！
不知不觉间，我在这些美好的想象中沉沉睡去。

第二天早上，
又到上班时间了。
是时候回归现实了。

BEST
SELLER

# 要不要换乘 2

公交车一如往常地向前奔驰。
原以为自己也在和公交车一起奔驰，
然而真正在奔驰的只是公交车，并非我。
我不过是坐在公交车上而已。

不管是换乘，还是干脆下车，
迟早都要从公交车上下来，
到那时孤身一人的我是否也能如此奔驰？

## 令人头疼的问题

“如果你想学点真本领，就要去那个部门工作。”
“这个部门可是公司的核心部门。”
“我的专业正好和这个部门对口。”

在分配部门之前，
我苦恼了很久，到底去哪个部门比较好呢？
双手用力地按着脑袋，考虑了一遍又一遍。

可是为什么
我寻找的不是喜欢的部门，
而是对前途有利的部门？

在这之前，我真的有喜欢的工作吗？
我在做什么工作时最兴致勃勃呢？
这家公司里有这样的工作吗？
从很久以前开始，我心中偶尔就会冒出这些问题。

不过这么久以来，我一直装做不知道。

你懂的，考虑多了只会让自己更郁闷。

于是只好对这些问题置若罔闻。真是头疼。

我确实很想去抓住彩虹，

可是也许我什么也抓不到，

而且还那么遥远……

# 兔子和乌龟

龟兔赛跑这则寓言一共写了10页纸。
从第一页到第九页一直都是兔子领先，
直到最后一页乌龟才获胜。
（它还是趁兔子睡着时赶超的呢！）

9页纸和1页纸，惊人的差距。
就算兔子在最后一页做了第二名又如何？
它可一直都是第一名，而且还睡了个午觉，轻松到达终点。

老实说，
我希望自己活得像兔子一样。
诚然，努力很重要。
然而，有时我们确实羡慕别人与生俱来的才能。

# 假如你想成为幸运儿

每次看到那些无论想要什么都能唾手可得的人，
总是不由得感叹“他的命可真好”。

然而事实似乎并非如此，
应该是因为他们热切地渴望，
并为之付出了比常人更多的努力和行动，
所以才总能如愿以偿。

比如说我家的小狗吧。
我吃饭时，如果它表现得毫无兴趣，
我也不会想要分点肉给它。
可是如果它使劲儿摇尾巴，
表现得很馋却又不知所措的话，
我就会装出一副无可奈何的表情，然后扔块肉给它。

# 上班族的青春期

年龄步入三十后，
我曾一度认为人生已经完结。
能做的事也好，想做的事也罢，
如今都已经来不及开始了。

某日，我如往常一样拖着疲惫的身体驱车走在回家的路上，
无意间听到电台里正在讲述演员柳承龙的故事。
他因同期出道的演员都已成名而心灰意冷，
然而他的教授却这样安慰他：
“如果把安在旭比作春天里的花，那么你就是秋天里的花。”

我不禁反问自己，我现在处于人生的什么季节。
最多也就是晚春或初夏吧。

如此说来，
我想要绽放的花究竟是什么？
我的花又会在何时盛放？

虽然疲惫，却还没到无法动弹的地步。

如果就这样回家，心情如此糟糕，肯定会失眠的。

于是我在便利店买了本子和笔，坐在咖啡店里奋笔疾书。

回想起来，我曾无数次通宵达旦地

和朋友们一起玩游戏、打台球，

却不曾因思考到底想要什么而辗转反侧。

看来我也到了

每个上班族必然会经历的青春期。

# 耳朵的方向

假如我的耳朵不是朝外，

而是朝内生长的话，

也许我会听到更有意义的话。

听得很清楚。

# 拼图

整天忙着工作，忙着恋爱，
总是感觉到心力交瘁，
我的热情也被搅得四分五裂。

如果将它们组合在一起，
会出现怎样一幅画面？

# 酱曲

自我提升其实和做酱极为相似。

首先，不管你愿不愿意，用酱曲就只能做出大酱。
想用它制作鱼酱，是不可能的。
因为你无法将“你”这个酱曲换掉或者干脆扔掉。
所以不要妄图成为遥不可及的鱼酱，
而是要制定切实可行的目标，比如成为大酱。
如果实在不愿成为大酱，
也可以多撒些辣椒粉做成辣椒酱。

其次，放置越久，酱的味道越好。
如果希望撒完盐就出大酱，那么等待你的只有无限的失望。
你必须坚持不懈地努力，
每天打开盖子通风，擦洗酱缸，撇去霉菌。
如此，总有一天你会做出美味的酱。

可是真正能做到这些的，却没有几个。

要是能快点腌好该多好，
这才是上班族最真实的心声！

# 预期 vs 目标

我将来会很平凡。

如果你的预期如此，并照此行动，
那么你就一定会迎来这样的未来。

我要这样生活。

如果你的预期是这样，并制定目标、积极实践，
即使不能实现所有的目标，
也一定会迎来比预期更加美好的未来。

因此当你思考未来时，
不要拘泥于现状，
而是要以“更出色的我”为目标！

# 只是因为恐惧

小学三年级时，有个同学力大无穷。
健壮的肩膀、硕大的拳头，眼神中充满了慑人的霸气。
经过几番排位之争，他最终成了学校里的老大。
因为他和我是朋友，所以我也时常觉得自己威风凛凛。

升到小学高年级后，
有些同学的身高和体格长势惊人，
已经有些大人的架势了。
然而不幸的是，我和他比其他同学发育得慢，
最后竟然到了要争抢第一排座位的地步。

可是直到小学毕业，
他一直都凌驾于那些人高马大的同学之上，
谁都不敢觊觎他稳固的老大地位。

当时包括我在内的所有同学都认为这是理所当然的。

现在想来，真是太不可思议了。

那些人高马大的同学只要下定决心，

随便一拳就能把他这样的小个子打倒在地。

可不知为何，他们却一次都不曾反抗过。

说到底，不过是过去的记忆变成了心中的恐惧，

仅此而已。

除此之外，根本没有任何东西能够阻拦他们。

# 打架的准备

此处所指的准备
可不是准备道具，
而是要做好心理准备。

嗬嗬
重死了！！
热死了！！
win~

# 厨师

独自生活了近10年，却对烹饪一窍不通，
我都不知道自己是怎么活到今天的。

不过我也有擅长的料理。
那就是不停地工作、读书、旅行、交友。
因为这些经历在我体内混合成了一个更出色的我，
就像厨师将各种各样的食材制成一道美味一般。

# 比热情更重要的东西

如同瞬间燃起的火花一般，
蓦然升起的热情，往往轻易地就决定了我们的梦想。
然而你热情的火花
是转移到了转瞬即逝的火柴上，
还是转移到了整夜燃烧的蜡烛上？
如果你想点燃温暖的篝火，就需要用蜡烛不断地尝试。
即使再多的火柴，
最后得到的也只是一堆烧剩的垃圾。

10秒后……

# 属于我的台阶

通过别人创造的台阶，
永远无法实现自己的目标。

过程可能会充满艰辛和彷徨，但是对我而言，自己开创的路才是真正的捷径。

就算看上去有些粗制滥造、土里土气，

也要自己动手创造适合自己的台阶。

因为只有我才最清楚自己的目标在哪儿。

# 就像坨住的方便面

原以为有些事只要置之不理总能蒙混过关，
然而最终我们还是得去面对。
比如必须做的事、想做的事，
除此之外还有很多。

无论做什么，都要讲究“时机”。
其中的道理就像吃方便面一样。
如果一出锅立即就吃，很快就能吃完。
可如果放置一段时间，
方便面就会坨住，难以下咽。
是津津有味地吃完，还是最后拿去扔掉，
全在于我的选择。

## 集合博士

《数学公式》被誉为数学题集中的经典。
据说只要完全吃透这本书，便没有解不了的数学题。

我真怀疑第一单元“集合”的最后一页是否被涂了安眠药。
不然为何我会失去继续学习第二单元的意志？
放弃了一段时间后，又从第一单元开始，
然后经历了数次的放弃和从头开始。
到高中毕业时，“集合”这一单元我至少看了十遍。
因此我的《数学公式》只有“集合”部分变得破破烂烂。

俗话说，好的开始是成功的一半，
但这绝不意味着开始的次数越多就越了不起。

第2章

# 始终原地踏步

周日。

今天终于可以系统地整理平日零散学到的东西了。

正好今天我也没有约会。

10点，喝了杯咖啡。

11点，觉得房间有些脏乱，打扫了一下。

12点，吃完午饭再学习吧。

13点，先睡会儿午觉（听说午睡有益健康）。

14点，我家小狗的眼神里充满了期待，先带它去散会儿步吧。

15点，突然有点想吃零食，去买些回来然后边吃边学习吧。

16点，开始学习前又喝了杯咖啡。

17点，出去买了铅笔、橡皮擦和修正液。

18点，去便利店买了瓶功能性饮料。

19点，该吃晚饭了。

20点，椅子太硬了，在椅子上垫了个坐垫。

21点，最后再抽支烟。

22点，满嘴的烟味让我难以集中精力，先去刷牙洗手。

23点，阵阵倦意袭来，晚安。

你晚上很容易失眠吗？

高质量的睡眠源自准备学习的过程。

# 在电影院

看了一部非常有趣的电影。
脑海中瞬间闪过一个念头，
如果以我为主题拍部电影……

片名
某平凡上班族的一天

剧情简介
本片的主人公是一个既不太出众也不算无能的、
最平凡的上班族，
如同满大街随处可见的“廉价智能手机”，
人们都叫他小金。
（也许根本没人感兴趣）
一起来欣赏他的一天吧！

啊……平凡得我都快流泪了。

虽然到目前为止影片的内容无聊至极，
但我希望后半部分会变得激动人心！

CINEMA
某平凡上班族的一天

# 梦想无止境

他曾经有一个梦想。

那就是拥有一个让任何人听了都会由衷赞叹“哇哦，真了不起！”的伟大梦想。

多年以后，他终于找到了这样的梦想。

如今……

他的梦想是实现那个梦想。

## 不愿放弃

选择理科后，
为了不输给那些喜爱数学的同学们，
我可真是费尽了心思。
大学四年期间，每天都过得和打仗一样，
幸运的是当大家都顺利就业时，我也勉强找到了一份工作，
混到今天，好歹别人也得称呼我一声“小金先生”。

如此看来，这么多年我也过得顺风顺水。

然而我却并不认为这是“我的出路”。

我喜欢做的事？
当然是写作和画画。
因为这能使我心境平和，而且很适合打发时间。

老实说，我写作和画画的实力很难达到一流水准，
但是只要有一丝可能，
我也想努力去尝试。

我的生活会因此
而更加丰富多彩，
更有乐趣。

LOTTO